低碳生活你我他

 **休闲旅游篇**

孙亚锋 李 雪 主编

中国农业科学技术出版社

图书在版编目（CIP）数据

低碳生活你我他.休闲旅游篇/孙亚锋，李雪主编.—北京：中国农业科学技术出版社，2015.1

ISBN 978-7-5116-1629-6

Ⅰ.①低… Ⅱ.①孙…②李… Ⅲ.①节能—普及读物 Ⅳ.①TK01—49

中国版本图书馆CIP数据核字（2014）第078926号

责任编辑	李　雪　穆玉红
责任校对	贾晓红
出版发行	中国农业科学技术出版社
	北京市中关村南大街12号　邮编：100081
电　　话	（010）82106626　82109707（编辑室）
	（010）82109702（发行部）　82109709（读者服务部）
传　　真	（010）82109707
网　　址	http：//www.castp.cn
经　　销	各地新华书店
印　　刷	北京建宏印刷有限公司
开　　本	710mm×1 000mm　1/16
印　　张	5.75
字　　数	100千字
版　　次	2015年1月第1版　2020年7月第3次印刷
定　　价	29.00元

━━━━ 版权所有·翻印必究 ━━━━

内容简介

本书以图文并茂的形式、通俗易懂的文字轻松地勾勒出休闲旅游生活中,关于购物、休闲娱乐、运动和锻炼、旅游出行等各方面的低碳生活。趣味漫画容易理解,贴近实际、贴近生活,突出了科学性和实用性,是人们学习新知识、了解新动态、掌握新方法的好帮手,也是一本优秀的科普读物,同时更是"科普图书室""农家书屋""社区书屋"以及家庭所需的优秀书目。

前 言

人类只有一个可生息的村庄——地球。可是这个村庄正在被人类制造出来的各种环境灾难所威胁：水污染、空气污染、植被萎缩、物种濒危、江河断流、垃圾围城、土地荒漠化、臭氧层空洞……不要以为"拯救地球"是那些大科学家和超人们该做的事！我们所做的每一件小事都可能关系到地球的存亡！作为居住在地球上的村民，我们不能仅仅担忧和抱怨，而必须行动起来。在此背景下，"低碳"等系列新概念、新理念应运而生。

"低碳"其实离我们的生活并不远。它是一种将低碳意识、环保意识融入日常生活的态度，就是在日常生活中从自己做起，从小事做起，最大限度地减少一切可能的能源消耗。低碳生活首先要树立低碳意识并付诸行动，其次要学习低碳节能知识和低碳节能技巧，然后就是贵在坚持、养成习惯，并鼓励他人和自己一起倡导和践行低碳生活。

本书以图文并茂的形式、通俗易懂的文字轻松地勾勒出休闲旅游生活中，关于购物、休闲娱乐、运动和锻炼、旅游出行等各方面的低碳生活。全书图文并茂，浅显易懂，生动有趣，老少皆宜，适合所有对低碳环保感兴趣的读者阅读。书中的每一个小细节都是在科学严谨的基础上，立足生活，力求实用，具有可操作性，可以引领广大读者走进低碳生活，快速成为低碳生活的时尚达人。是您创新生活方式、提高生活品位的好帮手。

低碳生活，还不知道从哪个地方开始做起？那就一起来看看这本书会带给你哪些有用的妙计和奇招吧！

编 者
2014 年 2 月

目 录

第一章　低碳常识　1

- ☆ 什么是低碳生活　1
- ☆ 践行低碳生活应从哪些方面入手　2
- ☆ 碳排放计算公式　3
- ☆ 日常生活方式与碳排放量　6
- ☆ 联合国环境规划署提出的低碳生活建议　11
- ☆ 环保公约　13
- ☆ 与人为活动有关的温室气体排放　14

第二章　购　物　17

- ☆ 开车购物时的碳排放　17
- ☆ 合理安排开车购物　17
- ☆ 选购低碳商品　18
- ☆ 按需购物，少买点儿　19
- ☆ 尽量选择网购与服务　23
- ☆ 简化包装　24

第三章　休闲娱乐　27

- ☆ 电视机的碳排放　27
- ☆ 电影放映时的碳排放　28
- ☆ 音像制品在生产时的碳排放　28
- ☆ 健身活动的碳排放　28
- ☆ 合理使用电视机　29

- ☆ 选购娱乐电子电器 31
- ☆ 选购 DVD 碟片 31
- ☆ 选择合适的 KTV 包间 32
- ☆ 选择合适的电影院影厅 32
- ☆ 不要沉溺于电子游戏 33
- ☆ 合理使用 MP3 33
- ☆ 书法、绘画 35
- ☆ 钓 鱼 36
- ☆ 放风筝 36
- ☆ 下 棋 37
- ☆ 麻 将 38

第四章 运动和锻炼 39

- ☆ 选择低碳的健身方式 39
- ☆ 散步、跑步、攀爬 39
- ☆ 步行减肥 41
- ☆ 快走强身健体 42
- ☆ 球类运动 43
- ☆ 游 泳 44
- ☆ 太极拳 44
- ☆ 太极剑 45
- ☆ 太极扇 45
- ☆ 瑜 伽 46
- ☆ 健康爬楼梯 46
- ☆ 日常生活中的锻炼 48
- ☆ 健身房运动 50

第五章 旅游出行 51

- ☆ 什么是低碳旅游 51
- ☆ 低碳旅游的特点 52
- ☆ 低碳旅游的意义 53
- ☆ 步行——零排放出行 54

☆ 自行车——零排放出行 55

☆ 公交车 55

☆ 轨道交通 56

☆ 出租车 57

☆ 选购环保汽车 58

☆ 汽车节油节能 60

☆ 汽车的环保与安全 66

☆ 摩托车 67

☆ 火　车 68

☆ 飞　机 69

☆ 低碳住宿 70

☆ 爱护景区环境 72

☆ 如何使旅游低碳化 73

☆ 低碳旅游的具体体现方式 74

☆ 国内的低碳旅游景区 76

☆ 低碳出行的小习惯 78

第一章 低碳常识

☆ 什么是低碳生活

低碳生活就是指生活作息时所耗用的能量要尽可能地减少，从而降低碳，特别是二氧化碳的排放量，减少对大气的污染，减缓生态环境恶化。

具体地说，低碳生活就是在不降低生活质量的前提下，通过改变一些生活方式，充分利用高科技以及清洁能源，从而减少煤、石油、天然气等化石燃料和木材等含碳燃料的耗用，降低二氧化碳排放量，减少能耗，减少污染，达到遏制气候变暖和环境恶化的目的。

低碳生活以低能耗、低污染、低排放为特征，代表着更健康、更自然、更安全的消费理念，达到人与自然和谐共处的境界。

☆ 践行低碳生活应从哪些方面入手

日常生活包括衣、食、住、用、行等几个方面,大众践行低碳生活主要从这几方面注意节能减排。

选择"低碳住房""低碳装修""低碳着装""低碳饮食""低碳消费"的生活方式,在日常生活中,注意节约,充分利用旧物,减少垃圾,做到垃圾分类及科学处理,多养花草来吸收二氧化碳。

生活中处处注意节能减排。节电、节水、节煤、节气是实现节能减排的主要措施。目前,中国用电多是用燃煤发的火电,自来水的调运、生产、输送等又需要耗电。因此,节电、节水等都可间接地节省燃煤,减少二氧化碳等气体的排放,利于环境的保护。

选择低碳出行方式,尽可能减少燃油的消耗。离家较近的上班族可骑自行车上下班;短途旅行选择火车而不搭乘飞机;有私家车的在驾车时掌握节油技巧。

第一章 低碳常识

充分利用现代科技成果,在生活中,用太阳能、沼气等清洁能源代替煤、电、石油、天然气等传统能源。

☆ 碳排放计算公式

用电的碳排放(千克)=用电量(度)×0.785

用水的碳排放(千克)=用水量(吨)×0.91

用气的碳排放(千克)=燃气量(立方米)×0.19

耗油的碳排放（千克）=耗油量（升）×2.7

垃圾的碳排放（千克）=垃圾排放量（千克）×2.06

冷饮的碳排放（千克）=冷饮消耗量（瓶）×0.2

啤酒的碳排放（千克）=啤酒消耗量（瓶）×0.2

第一章 低碳常识

白酒的碳排放（千克）＝白酒消耗量（千克）×2

烟草的碳排放（克）＝烟消耗量（支）×1.1

浪费肉食的碳排放（千克）＝浪费肉食量（千克）×1.4

不要浪费粮食喔！

浪费粮食（以水稻为例）的碳排放（千克）＝浪费粮食量（千克）×0.9

低碳生活你我他——休闲旅游篇

一次性筷子的碳排放（克）
＝一次性筷子（双）×22.8

开冰箱门的碳排放（克）＝冰箱门开的时间（秒）×2.68

饮水机（以600瓦为例）碳排放（克）＝饮水机开启时间（小时）×52.5

☆ 日常生活方式与碳排放量

　　低碳生活对于普通人来说是一种生活态度，是一种新的生活方式。日常生活中的低碳行动对于减少碳排放量的影响，可从以下数据看出。

第一章 低碳常识

 少搭乘 1 次电梯，可减少 0.218 千克的碳排放。

 少开空调 1 小时，可减少 0.621 千克的碳排放。

 少吹电扇 1 小时，可减少 0.045 千克的碳排放。

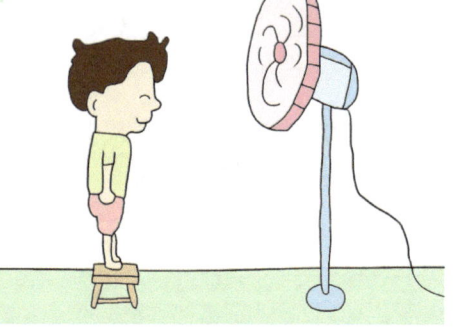

 少看电视 1 小时，可减少 0.096 千克的碳排放。

少用 1 小时白炽灯，可减少 0.041 千克的碳排放。

 少开车 1 千米，可减少 0.22 千克的碳排放。

 少吃 1 次快餐，可减少 0.48 千克的碳排放。

 少丢 1 千克垃圾，可减少 2.06 千克的碳排放。

第一章　低碳常识

 少吃 1 千克牛肉，可减少 13 千克的碳排放。

 省 1 度电，可减少 0.638 千克的碳排放。

 省 1 吨水，可减少 0.194 千克的碳排放。

我家这个月用天然气怎么这么多？

 省 1 度天然气，可减少 2.1 千克的碳排放。

低碳生活你我他——休闲旅游篇

 把在电动跑步机上45分钟的锻炼改为到附近公园慢跑，可减少近1千克的二氧化碳排放量。

 不用洗衣机甩干衣服，而是让其自然晾干，可减少2.3千克的二氧化碳排放量。

 将60瓦的灯泡换成节能灯，可减少4倍二氧化碳排放量。

 改用节水型淋浴喷头，一次洗浴不仅可节约10升水，还可以将3分钟热水淋浴所产生的二氧化碳排放量减少一半。

第一章 低碳常识

如果每人每天做到每一项,每天可减少约 21 千克的碳排放量。

如果全国每个人每一天都能做到每一项,那么每天可减少约 $3×10^7$ 吨的碳排放量。

如果全世界每人每天都能做到每一项,那么每天可减少约 $1.1×10^8$ 吨的碳排放量。

☆ **联合国环境规划署提出的低碳生活建议**

建议 1

在午餐休息时间和下班后关闭电脑及显示器,这样做除省电外,还可以将这些电器的二氧化碳排放量减少 1/3。

建议 2

使用一般牙刷替代电动牙刷,这样可以每天减少 48 克的二氧化碳排放量。

低碳生活你我他——休闲旅游篇

建议 3

使用传统的发条式闹钟替代电子钟,这样可以每天减少大约48克的二氧化碳排放量。

建议 4

如果去8千米以外的地方,乘坐轨道交通车可比乘小汽车减少1.7千克的二氧化碳排放量。

低碳小贴士

让我们从现在做起,从每个人做起,合理利用资源,节约资源,消除浪费,减少碳排放。开始一种真正健康、绿色的"低碳生活"!

低碳生活,从我做起!

第一章 低碳常识

☆ 环保公约

随着环境问题的日益恶化，世界各国纷纷开始重视环境保护问题，并签署了一些国际性的公约来保护环境。

《斯德哥尔摩公约》

现代社会中，持久性有机污染物可以说无处不在。除了对环境造成长期影响外，它们还通过空气、水、食物被人类摄入体内并积存下来，导致内分泌系统紊乱、生殖和免疫系统被破坏，并诱发癌症和神经性疾病。联合国倡导并制定的《斯德哥尔摩公约》就旨在限制并彻底消除持久性有机污染物。2001年5月23日，包括中国政府在内的92个国家和区域经济一体化组织签署了斯德哥尔摩公约，其全称是《关于持久性有机污染物的斯德哥尔摩公约》，又称POPs公约。

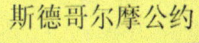

《京都议定书》

《京都议定书》又译《京都协议书》《京都条约》，全称《联合国气候变化框架公约的京都议定书》，是人类历史上第一部限制各国温室气体（主要二氧化碳）排放的国际法案。由联合国气候大会于1997年12月在日本京都通过，故称作《京都议定书》。为《联合国气候变化框架公约》（UNFCCC）的补充条款。是1997年12月在日本京都由联合国气候变化框架公约参加国三次会议制定的。其目标是"将大气中的温室气体含量稳定在一个适当的水平，进而防止剧烈的气候改变对人类造成伤害"。

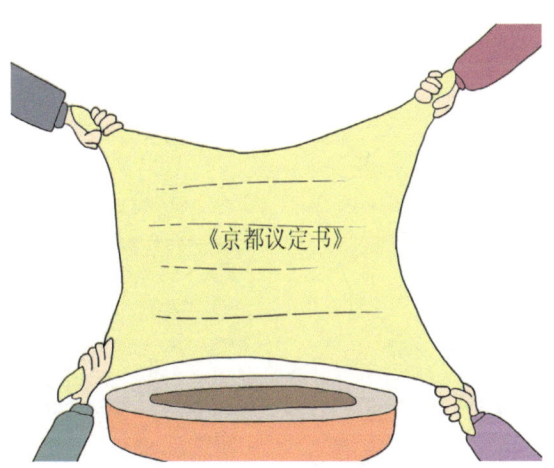

☆ 与人为活动有关的温室气体排放

化石能源燃烧（主要排放二氧化碳），如煤（含碳量最高）、石油、天然气（含碳量较低）的燃烧；

化石能源开采过程的排放和泄漏（排放二氧化碳和甲烷），如煤炭瓦斯、天然气泄漏；

工业生产工艺过程（排放二氧化碳和其他温室气体），如水泥、石灰、钢铁、化工等的生产；

第一章 低碳常识

农业生产，如种植水稻稻田排放的甲烷；

畜牧业，如反刍动物（牛、羊）消化过程排放的甲烷；

土地利用变化（减少对二氧化碳的吸收），如森林砍伐，房屋、工程用地导致植被减少，农牧过度利用及土壤沙化等；

废弃物处理（排放甲烷）。

第二章 购 物

☆ 开车购物时的碳排放

去超市购物时，开车也是一项大的二氧化碳排放来源。在某些大城市，平均每个家庭每年要行驶 600 千米去超市购物，而每辆车每行驶 1 千米要排放约 0.18 千克二氧化碳。因此，频繁开车去超市购物，也会加大二氧化碳排放量。

☆ 合理安排开车购物

开车外出购物前，预先制订购物计划，尽可能一次购足，并提前安排好行车路线，既能减少行车次数，又能减少不必要的行车里程，从而减少碳排放。

低碳生活你我他——休闲旅游篇

上班族可以选择在下班回家途中购物，不仅省时，还减少了专门外出购物可能带来的二氧化碳排放。

☆ **选购低碳商品**

❶ 购买本地产品，能减少外地产品，特别是从国外空运或海运的产品在运输过程中产生的大量二氧化碳排放。

❷ 购物时考虑产品使用过程中的二氧化碳排放情况，如在选购电子产品时，尽量选择功率小的产品或者节能产品。

第二章 购物

☆ 按需购物，少买点儿

你从商店买的任何东西，无论是萝卜还是发卡，都需要能源来制造、生产、提取、包装、运输和销售。所以为了减少你的碳足迹，想想办法抑制这种购物欲望吧。请看以下招式。

第 1 招

出门采购前先订个计划，把需要的东西列个清单。

第 2 招

买东西前先吃饱饭。研究显示，这对削减你的购物篮大有帮助。

第 3 招

长远考虑。用长远的眼光看，购买高质量耐用的商品比买便宜的一次性物品更划算，浪费也少。

低碳生活你我他——休闲旅游篇

第4招

对可有可无的东西，不急着用的东西，能不买就不买，能少买就少买。不要放到家里积压浪费。

第5招

不要赶时髦追时尚，掉进奢侈品的陷阱。当心别沦为车奴、卡奴、月光族。

第6招

多余的物品尽量不要积压浪费。提倡通过规范的二手市场、跳蚤市场进行交换，或充当"换客一族"，把家里的闲置物品或者礼品，在网上换成自己需要的东西，将资源配置最大优化。或直接把多余闲置物品捐赠给需要之人。

第二章 购物

第7招

巧用旧物、善用旧物，自己动手翻新改造，变废为宝。

第8招

提倡租赁，能租就租，不一定非买新的不可。这样一方可解决一次性投入不足的问题，另一方也可解决资源空置浪费的现象。

第9招

购买服务而不是产品。比如，租用办公设备，这样一来生产商就会生产耐用、可升级换代的产品，而不是那些用几年就报废的东西。

低碳生活你我他——休闲旅游篇

第 10 招

避免一次性产品。一次性产品毫无例外地具有很高的碳足迹。比如，用盘子或盖子来盖食物，而不要用铝箔或保鲜膜；用毛巾或手巾而不要用纸巾；购买结实耐用、可重复使用的烧烤和野餐用具，不要使用那些薄的一次性用品。

第 11 招

确保新产品持久耐用。购买新产品的时候，确保其硬件容易修理且生产商提供了足够的备用零部件。多花点儿钱买一款保质期长的产品是一项值得的投资。

第 12 招

来一次舒心放松的购物。按摩、美容、听音乐会，这些都是 100% 环保的购物体验。

☆ 尽量选择网购与服务

利用无所不在的网络服务降低你的碳足迹，避免其他浪费，还能为你省钱、省时间。不过，别忘了结束时要把电脑关上。

第 1 招

网上财务管理。网上付款和银行服务帮助我们避免了许多不必要的能源消耗，比如，造纸、打印、邮寄和废纸处理等，而且你家里也不会堆满纸质材料。

第 2 招

网上购物。如果你真的需要从超市购物，那么请登录超市网站购买，不要开车去买。网上购物方式既节能（尤其当你指定的送货时间与所在区域的其他顾客的送货时间一致的时候），又能为你节省大量的时间和精力。

第 3 招

下载音乐。从网上下载音乐，然后使用 MP3 播放器收听。网络下载音乐可以让你用最低的成本欣赏到最新潮的音乐，还减少了 CD 存储光盘的浪费。

低碳生活你我他——休闲旅游篇

☆ **简化包装**

第1招

购买包装简单的产品，少买独立包装的产品，多买家庭装或补充装，不使用一次性塑料袋，都能减少商品包装产生的二氧化碳排放。例如，减少使用1千克过度包装纸，可相应减排二氧化碳3.5千克。

第2招

大宗购买不易腐烂的食物。制作一个大包装袋比制作许多小袋子所需的能耗要少。更好的方法是，购买散装的东西，然后用你自己的袋子来装。

第3招

选择那种装在可反复盛放容器内的商品，这样你可以反复使用这些容器。如果你最喜欢的品牌商家和商店还没有准备这样的包装的话，请告诉他们。

第二章 购物

第 4 招

把多余的包装还给商场。如果你不喜欢那些过度的包装,那么购买后当时就可以把包装拆掉,并交由商场工作人员去处理。

第 5 招

充分利用铝箔。铝箔生产非常耗费资源,所以使用铝箔的时候节省一点,并在可能的情况下重复使用,然后回收、再利用其中有价值的成分。

第 6 招

避免使用由混合材料制成的包装。比如塑料和铝箔,它们很难被回收。

第 7 招

重复使用塑料容器。比如餐厅打包的饭盒或者从商店购买的食品容器等。

低碳生活你我他——休闲旅游篇

第8招

避免使用小包装产品。小包装产品所需要的包装和处理过程对环境产生很大的影响。1人份咖啡包的包装能耗是散装等量咖啡的10倍。

第9招

自己带饭。用可重复使用的容器带饭，这样不但省钱，每天还能避免产生空酸奶瓶、饮料罐或三明治袋等垃圾。

第10招

避免使用聚苯乙烯。它是由贵重的石油化学材料制成，并不可生物降解。而且由于聚苯乙烯体积笨重，运输和处理成本都比较昂贵，所以大规模的回收利用不太可行。

低碳小贴士

全世界的人每年使用5 000亿～10 000亿个塑料袋，每分钟使用200万个塑料袋，平均每人每年使用150个塑料袋。每生产1吨塑料袋要耗费11桶原油；纸袋子也好不到哪里去——每造1吨纸就要砍掉17棵树。爱尔兰共和国对购物塑料袋征税，此举使塑料袋的使用降低了90%。

第三章　休闲娱乐

目前，休闲已日益全面渗透到当代人的生活方式、行为方式和消费方式中来，成为人的生命状态的一种主要形式。休闲质量的高低，直接影响到社会的全面进步，影响到个人能否完整、全面、健康地发展自己，同时也成为一个国家的生产力水平高低、社会文明程度高低，以及人民幸福指数高低的标尺。培养良好的低碳休闲娱乐习惯，减少碳排放，是社会文明和进步的要求。提倡绿色、低碳的休闲生活，可以增进社会的和谐。

☆ **电视机的碳排放**

电视机的功率与其屏幕尺寸等参数有关。据测算，普通电视机开机1小时，排放二氧化碳0.03～0.1千克。而电视机尺寸越大，耗电量越大，排放的二氧化碳就越多。

低碳生活你我他——休闲旅游篇

☆ 电影放映时的碳排放

电影数字放映机运行需要消耗电能。据估算,放映 1 场电影,平均排放约 8 千克二氧化碳。

☆ 音像制品在生产时的碳排放

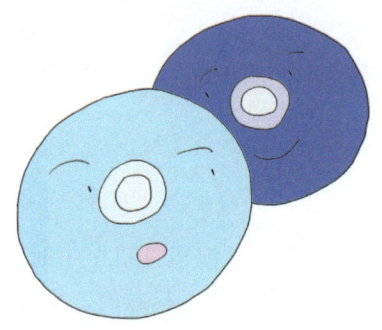

CD、VCD、DVD 等音像制品的主要材料是聚碳酸酯,生产 1 张碟片排放约 50 克二氧化碳。

☆ 健身活动的碳排放

许多人已经用健身器材代替了户外健身。健身器材大多需要电力驱动,相应产生二氧化碳排放。例如,跑步机使用 1 小时平均产生的二氧化碳排放量约为 1.8 千克。

第三章　休闲娱乐

☆ **合理使用电视机**

第 1 招

每天少开半小时电视。每天少开半小时，每台电视机每年可节电约 20 度，相应减排二氧化碳 19.2 千克。如果全国有 1/10 的电视机每天减少半小时可有可无的开机时间，那么全国每年可节电约 7 亿度，减排二氧化碳 67 万吨。

第 2 招

调低电视屏幕亮度。将电视屏幕设置为中等亮度，既能达到最舒适的视觉效果，还能省电，每台电视机每年的节电量约为 5.5 度，相应减排二氧化碳 5.3 千克。如果对全国保有的约 3.5 亿台电视机都采取这一措施，那么全国每年可节电约 19 亿度，减排二氧化碳 184 万吨。

第 3 招

对家中高耗能的旧电视等电器不要吝惜。为节约电能和安全健康，要及时予以更换。国家还出台了以旧换新的优惠政策。

第4招

看电视不要着迷。哪怕是退休老人,也不要一天从早到晚看电视。人需要休息、需要活动,用电也要尽量节约。据测算,普通电视机开机1小时,排放二氧化碳0.03～0.1千克。电视机尺寸越大,耗电量越大,排放的二氧化碳就越多。

第5招

一般彩色电视机最亮与最暗时的能耗相差30～50瓦。在不影响收视效果的前提下,把电视机亮度和音量调小一点都有节能效果;电视、录音机声音最好不要超过30分贝。

第6招

看完电视不要只是遥控关机,使用遥控器关闭电器后,应再将电器上的开关关掉,尽量将插座上的开关关掉。

☆ 选购娱乐电子电器

买娱乐电子电器商品要选购绿色环保、高能效的。不要一味求大求新、追赶时髦，动辄就更新换代。对没有过时，还完全能满足当前基本要求的器件，不要喜新厌旧，时不时就换新的。

☆ 选购DVD碟片

生产1张CD、VCD、DVD等音像制品的碟片排放约50克二氧化碳。因DVD容量比VCD大很多，音效、图像也好得多，显然应优先选购DVD碟片。

由于DVD碟片的容量比VCD大很多，相当于减少了生产碟片的材料及其产生的碳排放，因此，家庭影院的爱好者可优先考虑购买DVD碟片。

☆ 选择合适的 KTV 包间

在 KTV 唱歌是老少皆宜的休闲娱乐方式，其二氧化碳排放来自功放机、麦克风、灯光等，其中，以功放机造成的碳排放为主。若连续使用 1 间 KTV 包间 4 小时，则排放二氧化碳 3.5 千克以上。

去 KTV 唱歌时，应选择大小合适的包间，因为人数不多时选择大包间，将造成不必要的二氧化碳排放。

☆ 选择合适的电影院影厅

电影院放映厅面积越大，碳排放量越大，因此应选择人数较多的影厅，更应避免出现"独自包场"的局面，以减少二氧化碳排放。如果选择网络下载观看或者购买影碟在家观看，二氧化碳排放量就比直接去电影院小得多了。

第三章 休闲娱乐

据估算电影院放映1场电影，平均排放约8千克二氧化碳。多年前露天电影人山人海的场面是多么令人回味，值得提倡。

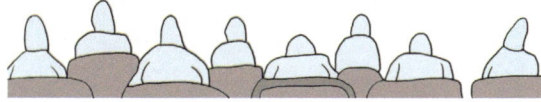
☆ **不要沉溺于电子游戏**

电子游戏是很多人的酷爱。但千万不要钻进去出不来，把健康透支了。要摒弃和预防不健康的游戏内容，防止青少年沉溺于电子游戏之中，耽误和影响正常的工作、学习。

☆ **合理使用MP3**

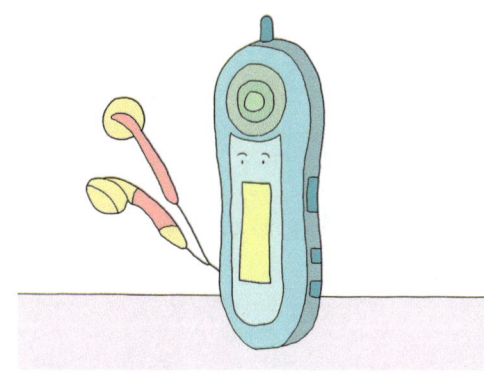

使用充电电池的MP3播放器时，每个月至少有一次将电量全部耗尽，再充满，这样能保持电池活性，延长它的使用寿命。

低碳生活你我他——休闲旅游篇

节约电池的方法还有：善用播放列表功能，把喜欢的歌曲做成列表，可方便操作。

调整背光时间，定在10秒左右比较适合节约电能。

保持播放器凉爽，少用皮套、海绵套，保持在25℃左右最为适宜。

锁定播放键，防止误操作造成电量白白浪费。

第三章　休闲娱乐

☆ 书法、绘画

书法、绘画是非常有益于身心的高雅休闲活动，有利于培养艺术素养、陶冶情操、提高文化素养，继承发扬中华民族的文化传统。

书法绘画对孩子来说还可帮助他们训练手指、手腕和手臂的协调性和灵活性，促进大脑的生长发育，还有益于意志的锻炼，培养细致耐心、自觉认真的良好学习习惯。

对老人来说更是一个开阔视野、丰富精神世界、延年益寿、防止老年痴呆的休闲养生活动。

低碳小贴士

闲暇时到公园、社区参加唱歌、跳舞活动，在提高艺术修养和技能的同时不仅能获得愉悦，还可健身、交友，让生活更加欢乐美好。

低碳生活你我他——休闲旅游篇

☆ 钓鱼

钓鱼是一种充满趣味，充满智慧，充满活力，格调高雅，有益身心的文体活动。怀着对大自然的热爱，对生活的激情，走向河边、湖畔、鱼塘，远离城市的喧闹，享受生机盎然的户外生活情趣，领略赏心悦目的湖光山色，是多么惬意啊。即使没有钓到鱼也是一种修身养性。

☆ 放风筝

在和煦的阳光和春风里放风筝，可以仰望蓝天，舒展筋骨，尽情地呼吸新鲜的空气，使人情绪开朗、心境愉悦，健脑健身。还可以调节和改善视力。

低碳小贴士

钓鱼、放风筝时千万要避开电线、高压线。

☆ 下 棋

围棋、象棋、跳棋、扑克等各种棋牌活动，都是最低碳的休闲，而且有利于锻炼智力和心理素质、加强人际交往。

低碳小贴士

下棋玩牌都千万不要"较真"动气，也不可过于痴迷不顾身体。

☆ 麻　将

　　麻将是具有集益智性、趣味性、博弈性于一体的独特的智力游戏，魅力及内涵丰富，底蕴悠长，在中国广大的城乡十分普及，流行范围涉及社会各个阶层、各个领域。要将麻将发展成为一项智力健身运动，杜绝将麻将作为赌博工具，走偏方向，玩物丧志。

第四章 运动和锻炼

目前，人们出行早已以车代步，但生命在于运动。开车是一种不得已的出行方式，而健康地让身体运动起来，才是根本。低碳运动，让生命绿色起来！

☆ 选择低碳的健身方式

尽量选择低能耗、低排放的健身方式，例如，选择慢走、跳舞、打拳、郊游等健身方式，将在电动跑步机上的锻炼改为到附近公园慢跑，定期去效外爬山等。

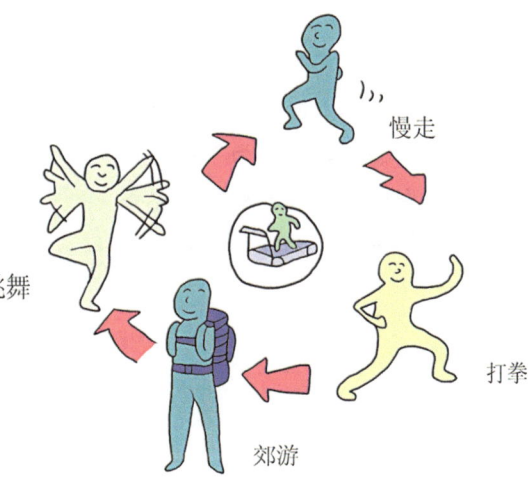

☆ 散步、跑步、攀爬

散步、跑步是锻炼身体的最简单易行的方法。要选择环境好、空气质量好、安全性好的地点和时段进行锻炼。

健身房的电动跑步机固然有一定的优越性,但毕竟还是耗电的,室内空气也不如室外清新。如把在电动跑步机上45分钟的锻炼改为到附近公园慢跑,可以减少将近1千克的二氧化碳排放量。

爬楼也是一种健身方式。许多人往往有电梯依赖症,为了低碳还是改变这习惯吧!迈开双腿,尽量少坐、不坐电梯,步行上下楼。

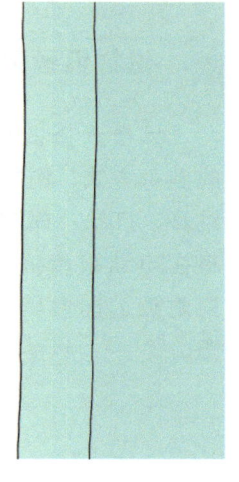

登山攀岩是跟大自然最为亲近的一项户外运动。在生活节奏紧张之余,走出空气污染严重的都市,去登高望远,既可以放松心情、欣赏大自然的美景,又可以强身健体、呼吸新鲜空气,还可以挑战自我、锻炼意志。但是,一定要有安全措施,携带必要救援设备,不可贸然出行。

第四章 运动和锻炼

☆ 步行减肥

第1招

步行的距离。研究显示,无论运动强度大小,以跑步为例:跑100米,脂肪消耗仅占2%;跑200米,脂肪消耗占5%~10%;跑5 000米,脂肪消耗占80%;跑10 000米,脂肪消耗达90%。可见,步行距离越长,脂肪的消耗就越多。专家指出,每次步行至少走5~8千米才有减肥作用。

第2招

步行的速度。因为速度也是影响脂肪分解的重要因素。时速10千米的步行所消耗的脂肪,是匀速散步(每小时2~3千米)的5~6倍,所以,只有快速步行才能达到消耗脂肪的目的。步行速度的快慢可视自己的年龄和身体状况而定,要做到力所能及,循序渐进地提高速度。

第3招

步行的时间。据测定,早晨空腹时即使快速步行1~2小时,消耗的脂肪也微乎其微;晚餐后步行半小时,脂肪的消耗却明显增加。这主要是人体生物钟决定的。研究显示,午餐后2小时步行40~60分钟,脂肪消耗最多,且能降低食欲,因而最利于减肥。

低碳生活你我他——休闲旅游篇

☆ 快走强身健体

美国科研人员发现，每天 10 分钟快步行走不但对身体健康大有裨益，还能使消沉的意志一扫而光，保持精神愉快。

快步走路比慢步走路更能锻炼身体，是因为它能促进血液循环，有利于提高氧气的消耗，增强心脏的起博力度。

按照速度的不同，时速在 3 千米以内称散步，时速在 3.6 千米叫慢行，时速在 4.5 千米则为快步行走。据此，快步行走 10 分钟应达到 1 千米左右的路程，当然老年人、体弱者可略慢。对那些未经训练的身体肥胖者，可以采取逐步增加速度的方式进行锻炼。对于一般人来说，也可以采取由慢到快的方法。

第四章 运动和锻炼

☆ **球类运动**

各种球类，篮球、排球、乒乓球、足球、台球、羽毛球等，都是人们喜闻乐见的运动方式。应因地制宜，大力开展，在健身强体的同时还可通过群众体育活动促进专业竞技体育的提高和发展。

近年在中国兴起的柔力球是一项太极化的球类运动，其不受场地和气候限制，可以满足不同层次，不同需求锻炼者的需要，适合单人、双人及多人健身、表演和竞技比赛，值得大力提倡。

门球场地一般设在室外，对设施要求不高，是一种适合大众的运动项目。其不但规则简单、轻松有趣，可以运动四肢，还可以激发脑力、联络感情、起到娱乐作用，是目前时下最经济实惠、男女老少均可参加的健身运动。对队员人数要求也比较灵活。门球高水平者可以参加竞技比赛。

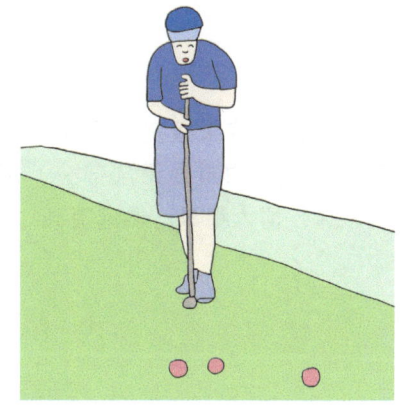

低碳生活你我他——休闲旅游篇

☆ 游泳

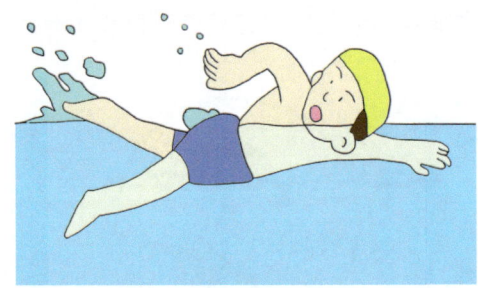

在江河湖海里游泳是一项与大自然肌肤相亲的体育运动，对身体的好处众所周知：加强人体适应温度变化和抵御寒冷的能力、大大增强心肺功能、还可塑体补钙护肤等。而且，我们生活在一个3/4充满水域的球体，游泳不单只是一项体育项目，更重要的是它还是我们生活中不可或缺的一项技能，是在特殊情况下对我们生命的保障。

低碳小贴士

不要到饮用水水源的水库和危险的水域游泳；到游泳池游泳要讲卫生，爱惜泳池保持清洁；在海里游泳要注意安全，远离危险区域；不要在沙滩随便丢弃垃圾。

☆ 太极拳

太极拳等太极武术是中国优秀传统文化的重要组成部分，历史悠久，博大精深，源远流长。

第四章 运动和锻炼

太极拳的动作舒展大方、缓慢柔和、刚柔相济，是一种柔和的有氧运动，对健身养生有着特殊的功效。太极拳以意念引导动作，符合人体的生理保健要求，能促进人体的新陈代谢，保持神意和心情的平静、自然，更可助增加身体的柔韧性和协调性，有益于提高免疫力，强身健体，延年益寿。

☆ 太极剑

太极剑是太极拳运动的一个重要内容，它兼有太极拳和剑术两种风格特点，一方面它要像太极拳一样，表现出轻灵柔和、绵绵不断、重意不重力，另一方面还要表现出与一般剑不同的潇洒飘逸、形神兼备的剑术演练风格，动作既细腻沉稳又优美大方，具有技击、健身功效的同时还有很高的欣赏价值。

☆ 太极扇

以"太极鱼"为扇面的太极扇是一种风格独特的武术健身项目。扇的挥舞动作融合了太极拳与其他武术、舞蹈的动作，刚柔并济、可攻可守，充满了飘逸潇洒的美感与武术的阳刚威仪，是同时具有观赏性及艺术性的健身运动。经常习练，可以收到祛病健身、延年益寿、陶冶情操的功效。

低碳生活你我他——休闲旅游篇

☆ 瑜 伽

"瑜伽"这个词,是从印度梵语而来,其含意为"一致""结合"或"和谐"。瑜伽是一个通过提升意识,帮助人们充分发挥潜能的哲学体系,也是一个在该哲学体系指导下的运动体系。

瑜伽这个非常古老的、帮助人们协调身体和精神的修炼方法,在印度经过了几千年的传承,现经欧美改革创新后又流传到了中国。正确练习瑜伽可以减肥、排毒、减压、修正脊背、滋养内脏、放松身体、纯净心灵、延缓衰老等。

☆ 健康爬楼梯

日常的爬楼梯运动也有讲究,以下就是一些建议。

每次爬楼梯的运动时间不宜过长,以10～15分钟较为合适。身体素质一般的青年和中年人,运动后脉搏分别为110～150次/分钟和100～130次/分钟为宜。健康的老年人以100～130次/分钟为宜。中年以上健康状态欠佳者,脉搏以90～110次/分钟为宜。

第四章 运动和锻炼

爬楼梯运动是比较剧烈的有氧运动形式，参加锻炼者必须健康状况良好，同时具有一定的锻炼基础，对患有严重心肺疾病的人，严禁参加这一运动。

要熟悉开展爬楼梯活动的地理环境，对梯段数及梯段台阶数要熟悉，以便于计算台阶数。一般的楼梯梯段大致为9～14个台阶。

爬楼梯的速度和运动强度应保持适中，以不明显感到紧张和吃力为宜。爬楼梯的脚步要尽量踏实，以免踏空跌倒，造成运动损伤。

楼梯过道要相对宽敞明亮，空气新鲜。不要在堆放物品的楼梯和拐弯处锻炼。

47

锻炼前应先活动腰、膝和踝关节。锻炼时应穿软底鞋，动作要轻缓，不要勉强做难度高的动作（如一步登3个以上台阶的动作），要量力而行。

膝盖有病的人，最好不要选择这种锻炼方法，毕竟不能为了锻炼心脏而加重膝盖负担。

☆ 日常生活中的锻炼

第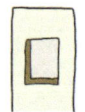招

早起时的锻炼。早晨一醒来，先揉揉眼、搓搓脸，这是一种很好的面部保健按摩，能使脸上的血液循环得到改善，皮肤弹性增强，脑神经兴奋起来。然后向上伸直双臂，躺在床上伸个懒腰，把腰部向上挺几挺，活动活动腰部；或是趴在床上，用手扶住床，用力拱拱腰，使胳膊、腰腿的关节尽量伸展一下，这就是很好的伸展运动，它能活动筋骨，使人感到轻快舒适。

第四章 运动和锻炼

第2招

上班时，如果工作单位离家近，最好步行去，远点骑自行车，很远时才坐公共汽车。在汽车上，不要急于找座位，刚吃过饭就坐下，会影响肠胃的蠕动，站一会儿反而对身体有好处。如果办公室在楼上，是坐电梯还是步行上去呢？看来还是步行上去好，因为上楼梯也是一项很好的运动，对肌肉、关节和心肺都有较强的锻炼作用。

第3招

有人找你谈话或接电话时，不妨站起来，一方面显得有礼貌，另一方面对身体也有锻炼作用。据研究，站1小时比坐1小时能多消耗5千卡热量。每工作2小时，要到室外散散步或做做工间操，不要躺在沙发上休息。午间躺着休息，不仅不会恢复精神，还能使体力日渐下降。

第4招

下班回家，如果不是过于饥饿，先不要急于吃饭，要做点家务活，因为轻微的体力劳动能够转移你的注意力，使工作一天的紧张情绪得到放松，然后再舒舒服服地吃晚饭。晚饭后不要急于工作和学习，要放松一下。睡觉前，用热水洗洗脚或洗洗澡。

☆ 健身房运动

由于时间和空间的约束，越来越多的人，特别是都市白领选择健身房作为体育锻炼的场所，在健身房不仅可以锻炼体魄，"雕塑"身材，还可以结交不同行业的朋友，实在是工作之余不错的选择。

条件不好的健身房为节省开支，空调运行的时间很没有规律，"默默地"影响着在里面健身者的健身效果；有些不专业的健身房对于空调温度和风力的调节也不注重，导致许多人在健身过程中产生健康危害。

好的健身房必须要有良好的通风设备和对流装置，否则废气在有限的空间里不断循环，被那些拼命"有氧运动"中的人们吸进肺里。

第五章 旅游出行

人类从步行到依靠简单的代步工具，再到现代化的交通工具，"行"发生了重要的变化。现在，交通工具的二氧化碳排放不但造成空气污染和温室效应，还消耗了大量的不可再生资源。低碳出行就是指碳排放量低的出行方式。

各种交通工具的碳排放量从小到大依次为：自行车、有轨电车、轻轨、地铁、无轨电车、公共汽车、摩托车、火车、小汽车、大型汽车、飞机。让我们从自己做起，尽量选择使用低碳的交通工具，实现"低碳出行"。

☆ 什么是低碳旅游

低碳旅游是一种降低"碳"排放量的旅游，也就是在旅游活动中，呼吁旅游者全方位地降低二氧化碳排放量，即以低能耗、低污染为基础的绿色旅行，倡导在旅行中尽量减少"碳足迹"与二氧化碳的排放，也是环保旅游的深层次表现。

低碳生活你我他——休闲旅游篇

低碳小贴士

低碳旅游概念的正式提出，最早是在2009年5月世界经济论坛"走向低碳的旅行及旅游业"的报告中。该报告综合了近年来世界各地旅游业的发展和各种交通方式及运输方式的调查数据，从报告中我们可以得出旅游业（包括与旅游业相关的运输业）碳排放量占世界碳排放总量的5%，其中纯旅游业占3%左右，运输业占2%。

☆ 低碳旅游的特点

低碳旅游是一种低碳生活方式，也是发展低碳经济的一种方式，应当成为中国新时期经济社会可持续发展的重要经济战略之一，主要具有以下3个方面特点。

转变现有旅游模式，改变现有的交通运输方式，倡导公共交通和混合动力汽车、电动车、自行车等低碳或无碳交通的方式，同时也丰富了旅游生活，增加了旅游项目和游客的亲身体验感。

提倡节俭、低费用的旅游，强化清洁卫生、方便快速、舒适的功能性，提升文化的品牌性、增加旅游过程的趣味性。

第五章　旅游出行

将节能减排技术全面引进到旅游行业中，确保旅游景点的环境质量，同时加强旅游智能化发展，提高运行效率。降低碳消耗，最终形成全产业链的循环经济模式。

低碳小贴士

在2011年的地球一小时活动来临前，全球最大的中文在线旅行网站"去哪儿"网发布了《低碳旅游趋势报告》。该报告显示，已经有超过45%的游客在外出旅行时"除了拍照，什么都不带走；除了足迹，什么都不留下"。

国务院通过的《国务院关于加快发展旅游业的意见》，就是在节能减排的大背景下，国家为响应低碳经济发展而进行产业结构调整的一个信号。在这场产业结构调整中，旅游业也将成为最大的受益行业。

☆ **低碳旅游的意义**

旅行是一个享乐的过程，为了低碳停止旅行活动是不现实的。其实低碳很简单，节制欲望，学会节约，尽可能地不浪费能源，不制造太多的垃圾，为旅行生活做减法，这种最朴素的道理也就是低碳的本质意义。

低碳生活你我他——休闲旅游篇

☆ 步行——零排放出行

步行的好处不仅可以省车钱、省油费，还可省去遇到堵车时的烦恼。更重要的还是可以锻炼身体，减少疾病，少花药钱。步行是最低碳的、二氧化碳零排放出行。

步行是人类基本的活动方式之一，被公认为是一种增强体质和免疫系统的最理想的运动方法。

有规律的步行还能降低血压；增加血液中高密度脂蛋白胆固醇的含量；增强腿力，预防骨质疏松症；改善大脑与植物神经功能，提高智力水平，预防老年痴呆症等。

"走班族"是对步行上下班族的新称谓。长期坚持步行上下班，可以增强心肺功能，保持良好体形，有助于改善体内自律神经的操控状态，缓解压力和解除忧虑，使大脑思维活动变得更加清晰、活跃，提高工作效率，还可防治颈椎病、提高夜间睡眠质量、预防骨质疏松等。上班路远如不宜全程步行，也可以区间步行。

☆ 自行车——零排放出行

自行车除了可以代步，而且还可以负重，是非常好的二氧化碳零排放出行工具。骑车或步行代替驾车出行100千米，可以节油约9升，相应减排二氧化碳18.4千克。骑车也是一种非常好的健身运动。

☆ 公交车

公交车载人多、运量大，比自驾车出行节约汽油、减少碳排放，还可缓解城市堵车，减少空气污染和城市噪声。倡导把乘坐公交车作为一种时尚，代替自驾车出行。

按照在市区同样运送100名乘客计算，使用公交与使用小轿车相比，道路占用长度仅为后者的1/10，油耗约为后者的1/6，排放的有害气体更可低至后者的1/16。

乘坐公交还可避免醉酒驾车，有利于保护个人和他人的生命安全。

坐公交车虽然需要挤车，不如开小车舒服，权且把挤车当作一种身体锻炼，还减少了开车族容易患的疾病。

乘公交比自驾车要省去多少汽油费不说，还要省去过路费、停车费等一大笔开支。

☆ **轨道交通**

轨道交通快捷便利，没有堵车的烦恼，也不易受天气的影响，还能减少二氧化碳的排放量。

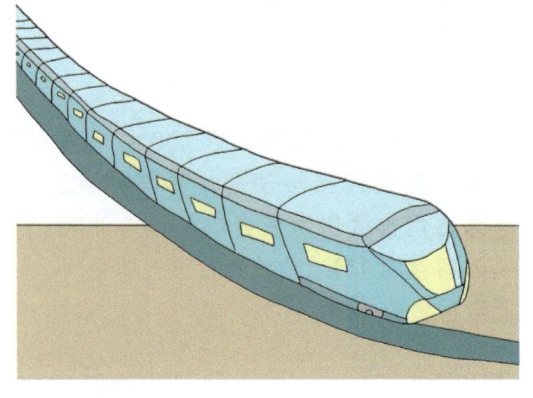

当前人们生活节奏越来越快，城市出行的流动性更加频繁，乘客对城市轨道交通的依赖性也越来越强。多乘地铁、轻轨等轨道交通工具，少开私家车，不但可省燃油、减少排放，而且可以减轻城市路面的交通压力。

第五章 旅游出行

地铁载客能力极大，并可根据客流量调整班次，提高运输效率。

☆ 出租车

乘坐出租车，虽然没有自驾车方便自在，但省去了自驾车保养、停车、保险等一大堆费用，从经济上来说未必不合算，同时安全性也相对更高点。

在等车人多、出租车繁忙之时，拼车也是个好主意。

一般来说，坐公交车和地铁更低碳，但是出租车招手即来，比起大公交更快捷方便，比自驾车更节约。而且，出租车还能抵达公交车不到或离公交站太远的地方，在公交早晚停运时仍能出行。

低碳生活你我他——休闲旅游篇

在各大城市出租车也可以提前预订。

☆ **选购环保汽车**

提倡低碳生活方式，有节制地使用私家车，出行不要完全依赖私家车，更要反对公车私用，提倡公务员多乘公交车。

家庭用车，要优先选购低价格、低油耗、低污染、方便停车、同时安全系数不断提高的小排量车，及时淘汰高油耗和环保不达标车辆。

汽车耗油量通常随排气量上升而增加。排气量为 1.3 升的车与 2.0 升的车相比，每年可节油 294 升，相应减排二氧化碳 647 千克。如果全国每年新售出的轿车（约 328.89 万辆）排气量平均降低 0.1 升，那么可节油 1.6 亿升，减排二氧化碳 35.4 万吨。

第五章　旅游出行

选购混合动力汽车。混合动力车可省油 30% 以上，每辆普通轿车每年可因此节油约 378 升，相应减排二氧化碳 832 千克。如果混合动力车的销售量占到全国轿车年销售量的 10%（约 38.3 万辆），那么每年可节油 1.45 亿升，减排二氧化碳 31.8 万吨。

汽车重量越大越耗油，产生的二氧化碳越多。与经济型的小汽缸车相比，大型 SUV 汽车和豪华汽车排放至少多两倍以上的二氧化碳。

低碳小贴士

能够享受政府补贴的所谓节能汽车，是指发动机排量在 1.6 升及以下、综合工况油耗比现行标准低 20% 左右的汽油、柴油乘用车（含混合动力和双燃料汽车）。

越野型汽车安全系数高，但比较耗油。自动挡汽车的动力传递通过液压完成，在工作中会造成动力损失，尤其是在低速行驶或堵车中走走停停时，油耗更大。

☆ 汽车节油节能

第 1 招

保持合理车速，不要超速行驶，可减少油耗。厂家所设定的经济时速才是最省油的标准。

第 2 招

避免冷车启动。适度热车是个好习惯，但长时间原地热车会使油耗变大。建议用中速行驶2～3分钟的距离来完成。

第 3 招

减少不必要的引擎怠速时间，是减少温室效应和节省能源的措施之一。因为怠速非常浪费燃料，影响空气质量，而且对引擎不太好。

第五章 旅游出行

第4招

在排队、堵车或等人时，尽量避免发动机长时间空转。空转超过1分钟的用油量与启动1次所用燃油持平，空转3分钟的油耗可以让汽车行驶1千米。因此，如果滞留时间超过1分钟，就应该熄火，安心等待。如果全国1 248万辆私人轿车每天减少发动机空转3～5分钟，并有10%的车况得以改善，那么每年可节油6.0亿升，减排二氧化130万吨。

第5招

选择合适挡位，避免低挡跑高速。

第6招

行驶时注意油离配合，保持在经济时速。试验显示，油门踩到底比中速行驶费油2～3倍，所以在行驶中猛起步、猛刹车都是大忌，尽量做到平稳起步。

第7招

开车时要精力集中,注意观察前方和两侧的情况,在繁华路段和视线不好的地段要减速行驶,提前做好准备,避免出现紧急情况时急刹车。试验表明,以中等车速在正常路面上的一次急刹车,轮胎胎面局部磨损量可达 0.91～1.20 毫米,相当于汽车正常行驶 3 000 千米的磨损量。

第8招

高速驾驶时关闭车窗、天窗可减少风阻,达到省油的目的。当车速 70 千米/小时,开窗后的风阻消耗会使每千米燃油增加 1 升左右。

第9招

胎压要符合标准。汽车轮胎气量过低或过足都会增加油耗。胎压过低会增加摩擦力,比较费油。符合规定要求的胎压可以降低油耗。如果每个汽车司机都注意给轮胎及时适当充气,车辆能效就能提高 6%,每辆车每年就可以减少 90 千克二氧化碳排放。不过也要注意,胎压过高容易爆胎。

第五章 旅游出行

第10招

用黏度最低的润滑油。润滑油黏度越低,发动机就越省力,也就越省油。

第11招

减少车辆负重能省油。每增加10千克负重,油耗就会增加1%,因此,要经常整理行李箱,不要把后备箱当储存室。不需要的时候,把车顶行李架和箱子拆下来,因为这些都会使车子的油耗降低10%以上。

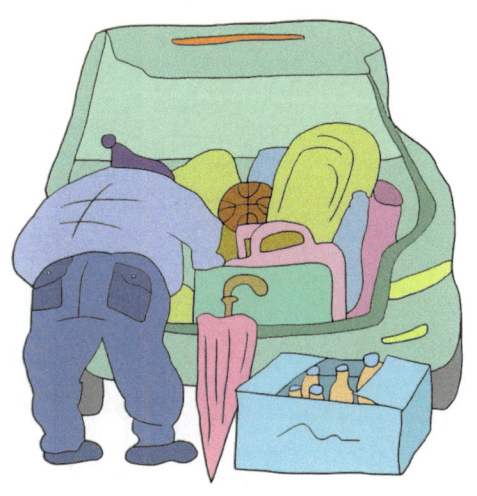

第12招

在车窗上配置具有高隔热性能的玻璃贴膜,如吸收热量的薄膜、反光式的金属薄膜、光谱选择性金属薄膜、光谱选择性陶瓷薄膜等,并在汽车前后玻璃窗里面都摆放一块用反光软材料做成的折叠遮阳板,可以有效减少因阳光辐射带来的热量进入车内,使车内温度降低5~10℃,有利减少空调负荷及燃料的消耗,延长车内空调的使用寿命。

第 13 招

启动车辆上路时,不要急着开空调,先将风扇打开到最大,过一会再启动空调制冷。这样不但制冷效果好,还能将车内装饰物在高温下挥发出的异味排出窗外。

第 14 招

每月少开 1 天车,每车每年可节油约 44 升,相应减排二氧化碳 98 千克。如果全国 1 248 万辆私人轿车的车主都做到,每年可节油约 5.54 亿升,减排二氧化碳 122 万吨。

第 15 招

顺风车,也称为拼车,是指私家车上下班途中在不影响自己行进方向的情况下,顺路捎带他人到达目的地。一般来说,顺风车不以赢利为目的,只收取少量成本。拼车出行可有效减少机动车上路,节省燃油,减少堵车和废气排放。

第五章　旅游出行

第**16**招

出行之前列个单子，把要办的事情、要买的东西，以及行车路线记好查好，尽量避开交通高峰和不良路段，争取一趟车就把事办完。

第**17**招

除了必须亲自到场的事外，有些事可以用电话、E-mail、传真、可视电话（会议）等方式，通过网络完成。这样可以减少很多不必要的出行。

第**18**招

在城里开车，要想省燃油，就要熟悉道路，了解单行线，尽量走近路，少走冤枉路。但高峰时段，主干道会比较拥堵，那不妨绕点道，因为频频刹车、启动反而更耗油。

低碳小贴士

汽车贴膜也低碳

正确选择汽车贴膜,也可以间接起到低碳用车的效果。车膜不管颜色深浅,透明度高是关键,隔热性能好也很重要。选择透光度在85%以上的贴膜比较适宜,这样不仅能防晒,更重要的是保证行车安全。一般来说,质量好的车膜能反射掉一部分紫外线,从而降低车内的温度。

☆ 汽车的环保与安全

第1招

机动车要有绿标。北京市从1999年开始对符合排放标准的机动车发放了"绿色环保标志",划定城市限行路段,禁止排污严重的机动车进入。现在国内其他城市也都纷纷实行了机动车绿色环保标志的管理。

第2招

洗汽车要尽量节水。洗干净同样一辆车,用桶盛水擦洗只是用水龙头冲洗的1/8用水量。

第五章　旅游出行

第 3 招

在高温的天气下，要防止汽车自燃。在阳光下露天停放的车内温度会达到 60～70℃，有些物品放在车内相当危险。车主们有必要将打火机、放大镜、汽油桶、报纸、碳酸饮料等易燃易爆物品清理出车厢。

第 4 招

在郊外或者农村停车时，尽量不要在有杂草、废纸堆的地面停放，滚烫的排气管可能引燃杂草或废纸而导致汽车自燃。

第 5 招

雨、冰、雪天气，开车要认真执行以下安全操作规程。一要加强预见性，措施提前；二要做到三不：不踩急刹车，不猛打舵轮，不空挡滑行；三要做到准确判断，高速变低速，引擎制动防侧滑。

☆ 摩托车

从 2010 年以来，中国摩托车制造企业开始按照国Ⅲ排放标准生产新型的更低排放的摩托车。虽然目前国Ⅲ产品的价格比原欧Ⅱ的价格高，但它在很多方面都做了改进,是实实在在的物有所值。另外,随着行业国Ⅲ技术的提升以及产量的提升,国Ⅲ产品的成本会降低,价格也会逐步降低。购买摩托车的消费者要把选购环保的产品当作自己的义务。

☆ 火 车

火车旅行的二氧化碳排放量(千克)=路程(千米)×0.04。

尽量乘坐火车出行。

在欧洲一些国家正在酝酿一种高速公路上的"公路火车"。公路火车是由6～8辆汽车组成,它们像一节节火车车厢那样首尾靠近在一起(每辆车之间要相隔设定的距离),远远望去,真像在公路上开起了火车。6～8辆在目的地相同的前提下组合成的公

路火车,无分卡车、轿车、出租车等,由一辆车作为领队车,其他各辆车通过无线电信号听从领队车驾驶员的控制和指挥。公路火车可以实现低碳量排放,因为整个车队只需领队车开动动力系统,其他 6～7 辆车处于被"牵引"状态,它们的尾气排放量将远低于这些车辆单独行驶时的排放量。公路火车还可以防堵塞、防交通事故,实现高效行驶。

☆ 飞 机

乘坐飞机的二氧化碳排放量(千克)如下。

短途旅行,即 200 千米以内为:路程(千米)×0.275。

中途旅行,即 200～1 000 千米为:0.105×[路程(千米)－200]。

长途旅行,即 1 000 千米以上为:路程(千米)×0.139。

低碳生活你我他——休闲旅游篇

低碳小贴士

如果从北京乘飞机去云南旅行，来回飞行了约4 000千米。那么，本次旅行，仅飞行产生的碳排量就是556千克。需要植6棵树来抵消碳排放量。

☆ **低碳住宿**

出门旅游优先选择有节水、节能设施的民宿或环保旅馆，优先选择室内全面禁烟的住宿环境。

小规模酒店或青年旅馆。这里虽然仅能提供最基本的设施，但也意味着可以消耗更少的资源。

第五章 旅游出行

自带牙刷、牙膏、拖鞋等必备的生活物品，减少使用一次性用品以节约资源。

提倡"绿色客房"。床单、被罩等洗涤要消耗水、电和洗衣粉，而少换洗1次，可省电0.03度、水13升、洗衣粉22.5克，相应减排二氧化碳50克。如果全国约8 880家星级宾馆采纳"绿色客房"标准的建议（3天更换1次床单），每年可综合节能约1.6万吨标准煤，减排二氧化碳4万吨。

住旅馆、酒店虽然不用另交水电费，但仍应该自觉节水节电。洗澡不要把水龙头开到最大冲个不停；睡觉和出门要把电灯、电视关掉；空调适当控制，夏天不低于26℃，冬天不高于20℃。

避开热点或过度开发的旅游目的地，避开旅游旺季和公共假期。因为旺季旅游会增加对环境的负担，而且个人花费也要大大高于平时的费用。

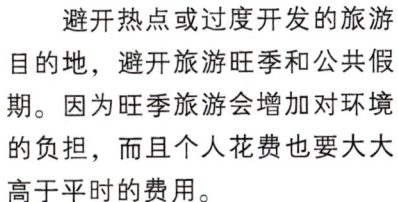

低碳生活你我他——休闲旅游篇

低碳小贴士

如果在旅馆连续住宿几天，不必每天更换床单被罩等。即使星级酒店提供毛巾、浴巾，也要节约使用，能不用的就不用，保持干净，减少洗涤量。

☆ 爱护景区环境

在景区行走时要走在已有的路径上，成一路纵队，不要多人并行，避免任意走出新的路径，或造成路径变宽，破坏草地。

在没有现成道路的情况下，步履要轻，尽可能避开植被和潮湿、松软或脆弱的土壤。如果是植物区，就分散着走，不要成一路纵队，减少对地表或植被的伤害。

保持旅游过程中的环境清洁、垃圾减量与资源回收，在景区不要随意乱丢垃圾。收集所有的废弃物（包括食物残渣），实施"带进—带出"制度。

第五章 旅游出行

购买小商品时,优先选择可回收材料制作的纪念品,来支持循环经济。

☆ **如何使旅游低碳化**

第1招

食。不使用一次性餐具,自备水具,不喝瓶装水。尽量食用本地应季蔬果,最好做个素食者。

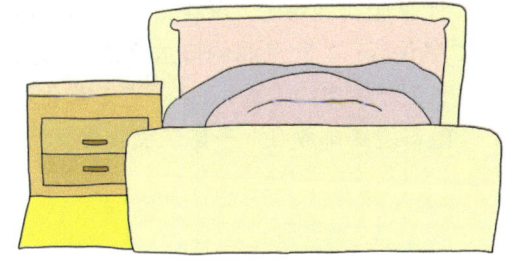

第2招

宿。住酒店时不使用酒店的一次性用品,不用每天更换床单被套。

第3招

行。提倡步行和骑自行车,能坐火车的不坐飞机,能跟团不自驾。必须乘飞机,就要选择正确合理的航空路线,同时最大限度减少行李;实在要自驾的,最好拼满一车人,实现能效最大化。

低碳生活你我他——休闲旅游篇

第4招

购。尽量选用本地产品、当季产品及包装简单的产品,尝试以货易货。

第5招

游。合理安排路线。途中回收废弃物,做好生活垃圾分类。尽量不在景区留下自己的痕迹。

☆ 低碳旅游的具体体现方式

第1招

计算碳排放量。1度电约排放0.904千克二氧化碳;1吨水约排放0.194千克二氧化碳;1升汽油约排放2.25千克二氧化碳;1斤猪肉约排放0.7千克二氧化碳;1斤牛肉约排放18.2千克二氧化碳;1张A4纸约排放0.09千克二氧化碳;1个塑料袋约排放0.1千克二氧化碳。

第五章　旅游出行

第2招

穿上套头衫。套头衫没有扣子（扣子在生产中也会产生一定量的碳排放），工艺也简单，不像其他衣服需要很多的工序和加工。穿套头衫一是可以减少碳排放；二是可以减少穿衣时间提高效率。

第3招

计算食物里程。食物里程愈短，中间所需要的运输时间也愈短，消耗的燃油以及各种资源，也自然会较少。食物里程短的食物称为低碳食物，以这个方式去寻找低碳食物的话，很容易发现，最低碳的食物就是本地生产的食物。本地食物由产地运到居民家的冰箱里，所花费的运输费用是最少的，耗掉的能源也最少。

第4招

做素食者。吃要素、穿要布、不坐车、要走路。素食是遏制全球暖化的有效方法，也是唯一最快且简单易行的方法。联合国跨政府气候变迁小组主席帕卓里博士甚至说，素食是遏制全球变暖最有效的方法。

第5招

拒绝包装。包装增加了消费者的负担，包装在生产过程中还耗费了大量的人力和物力资源。应该改变消费观念，购买绿色环保的商品，抵制包装。

☆ **国内的低碳旅游景区**

低碳旅游景区、景点，目前还没有详细的定义，一般情况下是指那些具备低能耗、低污染、环保措施完善的景区、景点。国内知名的低碳旅游景区如下。

燕子沟。电影《2012》拯救全人类的诺亚方舟拍摄地，有良好的低碳形象，景区高调倡导低碳旅游。

峨眉山。老牌"低碳景区"，旅游低碳的先行者。

第五章　旅游出行

张家界。以混合动力巴士和电瓶车用于景区交通，野生动植物与游客和谐相处。

香格里拉。"低碳"的生态环境是香格里拉的生命线，它的持久美丽离不开"低碳"。

大兴安岭。中国最大的氧吧，美国《国家地理》评选出的中国三大低碳旅游景区之一。

低碳生活你我他——休闲旅游篇

☆ **低碳出行的小习惯**

第1招

放弃飞机改乘火车，二氧化碳排放量能够降低90%以上。

第2招

坐公交车代替自驾车出行100千米，前者的耗油量比后者节省了5/6。

第3招

骑自行车或步行代替驾车出行，每100千米可以节油约9升，二氧化碳的相应减排量约为18千克。现在很多城市有环保自行车，十分方便和廉价，所以，提倡出门选用绿色又健康的自行车出行。

第五章 旅游出行

第4招

开车出门购物要有计划,尽可能一次购足。出门购物,自带环保袋,无论是免费的或者收费的塑料袋,都减少使用。

第5招

少搭乘1次电梯,可减少0.218千克的二氧化碳排放量。

第6招

把在电动跑步机上的45分钟锻炼改为到附近公园慢跑,可以减少将近1千克的二氧化碳排放量。